中國地理繪本

福建、香港、澳門、台灣

鄭度◎主編　黃宇◎編著　克拉拉·安加努齊◎繪

U0064055

中 華 教 育

印務　排版　裝幀設計　責任編輯

劉漢舉　龐雅美　龐雅美　梁潔瑩　劉萄諾

中國地理繪本

福建、香港、澳門、台灣

鄭度◎主編　黃宇◎編著　克拉拉・安加努齊◎繪

出版 / 中華教育

香港北角英皇道 499 號北角工業大廈 1 樓 B 室

電話：(852) 2137 2338　傳真：(852) 2713 8202

電子郵件：info@chunghwabook.com.hk

網址：http://www.chunghwabook.com.hk

發行 / 香港聯合書刊物流有限公司

香港新界荃灣德士古道 220–248 號荃灣工業中心 16 樓

電話：(852) 2150 2100　傳真：(852) 2407 3062

電子郵件：info@suplogistics.com.hk

印刷 / 美雅印刷製本有限公司

香港觀塘榮業街 6 號海濱工業大廈 4 樓 A 室

版次 / 2023 年 1 月第 1 版第 1 次印刷

©2023 中華教育

規格 / 16 開 (207mm x 171mm)

ISBN / 978–988–8809–18–9

目錄

※ 中國各地面積數據來源：《中國大百科全書》
（第二版）；中國各地人口數據來源：《中國統
計年鑑 2020》（截至 2019 年年末）。

※ ◎為世界自然和文化遺產標誌。

八閩大地 —— 福建

省會：福州
人口：約 3973 萬
面積：約 12 萬平方公里

福建省，簡稱閩，位於中國東南沿海，與台灣地區隔海相望。由於北宋時福建有八個行政機構，福建又稱為「八閩」。

惠安傳統女性服飾

惠安的傳統女性服飾十分獨特，既有少數民族的特點，又帶有漁家生活的氣息。

太姥山

太姥山三面臨海，這裏的花崗岩峯林景觀千姿百態，被稱為「海上仙都」。

木拱廊橋

木拱廊橋也叫「虹橋」，使用編樑技術和榫卯技術建成。福建屏南的萬安橋是中國現存最長的木拱廊橋。

古田會議舊址

1929 年 12 月，中國共產黨紅軍第四軍第九次代表大會在此召開。

雕版印刷

雕版印刷是用整塊木板雕刻印版的印刷技術。福建連城四堡是明清四大雕版印刷基地之一。

地形地貌

依山傍海，東部沿海港灣、海島眾多。

氣候

屬於亞熱帶海洋性季風氣候，雨量充足，夏季時常有颱風和暴雨。

自然資源

海洋資源豐富，是中國主要漁業產區之一。

中秋博餅

中秋博餅是盛行於閩南地區的中秋傳統活動。人們通過擲骰子，博得狀元、榜眼、探花、進士、舉人、秀才 6 個名次。

南普陀寺

南普陀寺因在普陀山以南而得名，為閩南佛教聖地之一。

親愛的東東：

　　我來到福建啦！這裏綠樹葱葱，空氣非常清新！圓形的土樓是動畫片《大魚海棠》的取景地呢！福建的茶葉很有名，這裏家家戶戶都愛泡茶。我品嚐了工夫茶，真是名不虛傳！

小雅

中國船政文化博物館

這是一所以船政為主題的博物館，其前身馬尾船政學堂是中國近代第一所海軍學校。

福建菜

福建菜又稱閩菜，以烹製山珍海味而著稱，是中國八大菜系之一。

佛跳牆

沙茶麵

海蠣煎

泰寧世界地質公園地處太平洋板塊和亞歐板塊的活動地帶，由於億萬年的地質活動，形成了舉世罕見的「水上丹霞」奇觀。

漳州火山地質公園

這裏的海邊緊密排列着成千上萬根石柱，猶如一座天然的「火山地質博物館」。

白水洋

白水洋是世界罕見的「淺水廣場」，岩石河牀十分寬闊，是很有特色的地質景觀。

霞浦灘塗

霞浦灘塗被稱為「中國最美灘塗」，特有的生態環境讓這裏成為海水養殖的天堂。

風動石

風動石為漳州東山島上的一塊大石頭，當海風很大時，就會微微晃動，十分神奇。

榕城福州

福州三面環山，一面臨海，閩江穿市而過，是一座有着 2200 多年歷史的文化名城。

水榭戲台

衣錦坊的水榭戲台是人們觀看閩劇的地方。

每個坊巷口都有一個石刻的牌樓。

三坊七巷內保存着部分唐宋以來的坊巷格局和許多精美的明清建築，被稱為「中國城市里坊制度的活化石」。

三坊七巷

三坊七巷由三個坊、七條巷和一條中軸街組成，是中國現存規模較大、保護較完整的歷史文化街區。

三坊七巷人傑地靈，這裏出了許多聲名遠播的人物，有虎門銷煙的林則徐、近代翻譯家嚴復、辛亥革命中的林覺民、著名文學家冰心等。

鼓山

鼓山風景秀麗，山上有座有1000多年歷史的湧泉寺，佈局精巧，有「進山不見寺，進寺不見山」的奇特建築格局。

福州三寶

脫胎漆器、紙傘、角梳被稱為福州三寶，是福州民間傳統工藝品的代表。

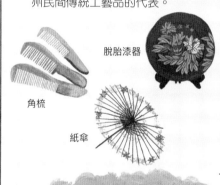

脫胎漆器

角梳

紙傘

壽山石

壽山石因產於福州市壽山而得名。石頭質地細膩，又稱為凍石。壽山石是製作印章、工藝雕刻品的中國名石。

泉之鄉

福州是中國三大溫泉區之一。在福州，「洗澡」又叫「洗湯」，泡溫泉就像洗澡一樣日常。

榕樹

榕樹是福州的市樹。福州種植榕樹歷史悠久，因此別稱「榕城」。

光明之城泉州

泉州別名刺桐城，古代曾是東方第一大港，有着「光明之城」的美譽。泉州歷史悠久，留存了以南音、提線木偶戲為代表的文化遺產。

崇武城牆

崇武城牆建於明代，為防禦倭寇而修建，是中國古代的海防城堡建築。城牆用花崗岩石砌成，城內設有跑馬道，可繞行至城上。

洛陽橋

洛陽橋始建於北宋，是中國現存年代最早的跨海梁式大石橋。洛陽橋的設計十分獨特，工匠們用牡蠣來固定橋基，並將橋墩設計成船的形狀，以減少海水對橋墩的侵蝕和衝擊。

刺桐

由於城內種植了許多刺桐樹，所以泉州又叫刺桐城。

南音

南音流行於閩南地區和台灣地區，用泉州方言演唱，主要以琵琶、洞簫、二弦、三弦、拍板等樂器演奏，是中國現存最古老的樂種之一。

開元寺

開元寺始建於唐代，是福建省內規模最大的佛教寺院。寺內建築和雕刻十分精美，建於宋代的東西雙塔是中國現存最高的一對石塔。

老君石雕像

　　清源山的老君石雕像由一塊巨大的天然岩石雕刻而成，位於兩山之間，是中國宋代道教大型石刻造像。老君石雕像長眉大耳，神態從容，很有親切感。

清淨寺

　　清淨寺又稱聖友寺，始建於北宋時期，是中國伊斯蘭教古代四大清真寺之一。寺內的壁龕內嵌有阿拉伯文的《古蘭經》。

兩頭微翹的燕尾脊，好像燕子展翅飛翔一般。

蔡氏古民居

　　蔡氏古民居規模宏大，體現了閩南紅磚古厝的建築特色。古民居內木雕、磚雕和石雕十分精美。

提線木偶戲

　　木偶戲分為提線木偶戲、掌中木偶戲、杖頭木偶戲等。泉州提線木偶戲又稱線戲，偶人的脖子、手臂、手掌、腳趾等處的關節各連接纖細的絲線，演員通過拉動絲線來操縱木偶的動作。

鷺島廈門

廈門是一座美麗的海濱城市，氣候宜人，風景秀麗，因古時為白鷺棲息之地而被稱為「鷺島」。

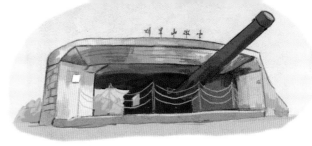

胡里山炮台

胡里山炮台以西洋炮台為建造範本，採用花崗岩砌築城牆、城垛，台基以糯米飯、烏樟樹汁拌灰沙夯築而成。

鼓浪嶼 🎧

鼓浪嶼是廈門的一座小島。相傳，島西南端的礁石有一個海蝕洞，每當海浪沖擊時，會發出擂鼓般的響聲，因此得名「鼓浪嶼」。島上保留了許多中外風格的建築，有「萬國建築博覽」之稱。

菽莊花園

菽莊花園利用地形巧妙佈局，景色優美，形成「園在海上，海在園中」的獨特格局，是一個美麗的海濱園林。

日光岩

日光岩為鼓浪嶼的最高峯，民族英雄鄭成功收復台灣時，曾在此操練水師，留下水操台、龍頭山寨等遺址。

廈門大學

廈門大學由著名愛國華僑陳嘉庚創辦,為教育部直屬綜合性大學。校園依山傍海、風光秀麗,是環境最優美的大學校園之一。

環島路

環島路沿海鋪設,是廈門市環海風景旅遊幹道之一。環島路是廈門國際馬拉松比賽的主賽道,被譽為世界最美的馬拉松賽道之一。

鋼琴之島

漫步鼓浪嶼島上,常可以聽見悅耳的鋼琴聲。鼓浪嶼有中國唯一的鋼琴博物館,收藏了許多古老而珍貴的鋼琴。

皓月園

皓月園是為紀念鄭成功收復台灣的歷史功績而建的。在岩石上,有一尊花崗岩雕刻的巨型鄭成功雕像,十分威武。

武夷山水天下奇

　　武夷山位於福建省和江西省的交界處，屬於典型的丹霞地貌。清澈的九曲溪環山而流，構成青山碧水的天然畫卷。

玉女峯

武夷山自然保護區

　　武夷山自然保護區是中國東南部天然植被保存最完好的地區，動物和植物種類十分豐富。武夷山國家自然保護區被稱為「鳥類天堂」「蛇的王國」「昆蟲世界」。

朱熹理學

　　武夷山是三教名山，有不少歷代宮觀和寺廟。南宋時，朱熹在武夷山開設書院講學，將理學發揚光大。

武夷岩茶

　　武夷岩茶產於武夷山，為中國十大名茶之一，已有1000多年的歷史。武夷山岩石風化後形成的土壤十分適合茶樹生長。

閩越古城遺址

　　閩越古城遺址是中國南方一座漢代古城的遺址。遺址中出土了大量的陶器、鐵器、銅器等，展示了古老的閩越文化。

丹霞地貌

　　丹霞地貌是地層中的紅色砂岩經過風化和流水侵蝕，形成的紅色山峯和陡峭懸崖。

大王峯

武夷船棺

　　船棺是早期人類的一種墓葬形式。武夷山的岩洞中藏有獨木船形狀的船棺，距今已有幾千年的歷史。

　　乘坐竹筏漂流而下，可以欣賞兩岸的山光水色，十分愜意。

堅固的城堡 —— 客家土樓

客家土樓又稱客家圍屋，主要分佈在福建西南部、廣東北部和江西南部山區，是客家人聚族而居的傳統大型樓式住宅。土樓是中國獨一無二的民居形式，它宏偉壯觀，就像一座巨大的城堡。

遊大龍

遊大龍是閩西客家地區的傳統活動，有 400 多年的歷史。元宵節期間，「遊大龍」往往有數萬人參與，人們祈求風調雨順，五穀豐登。

「大龍」以當地的姑田宣紙為主要材料，由一節節「龍身」相接而成。

土樓是如何建造的？

　　土樓是夯土建築的代表。夯土建築就是用木棒將生土用力夯打密實而建造起來的建築。在古代，這個技術被廣泛應用於宮殿和城牆。

① 開地基

② 砌牆腳

③ 夯築土牆

④ 立柱豎木

⑤ 鋪上瓦片

⑥ 裝飾裝修

土樓內部

　　土樓內部用木材建造，裝飾精美，每一層都有環形走廊相通。

「四菜一湯」土樓羣

　　田螺坑土樓羣依照山勢錯落佈局，由方形的步雲樓、橢圓形的文昌樓和圓形的振昌樓、瑞雲樓、和昌樓組成，被人們戲稱為「四菜一湯」。

獨一無二的圓形土樓

　　土樓包含圓樓、方樓和五鳳樓。圓樓由內到外，環環相套，一層是廚房和餐廳，二層是倉庫，三層及以上住人。土樓牆壁較厚，既可防震、防盜，還能保溫隔熱，冬暖夏涼。

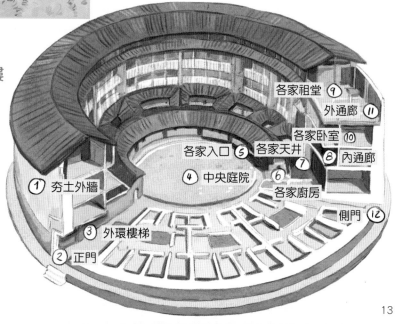

各家祖堂 ⑨
外通廊 ⑪
各家臥室 ⑩
各家入口 ⑤　各家天井 ⑦　⑧ 內通廊
④ 中央庭院　⑥
各家廚房
① 夯土外牆
側門 ⑫
③ 外環樓梯
② 正門

海上絲綢之路

在古代，除了陸上絲綢之路，中國還有一條重要的水上貿易通道 —— 海上絲綢之路。泉州作為海上絲綢之路的一個起點，是中國對外通商口岸之一，見證了燦爛文明。

水密隔艙

水密隔艙是用隔板把船艙分成獨立且不透水的區域，以防止沉船事故的發生。水密隔艙最早出現在唐代，是一項了不起的發明。

指南魚

指南魚是北宋《武經總要》中記載的一種指示方向的工具。

從「南海一號」沉船上，先後打撈出了許多保存完好的宋代瓷器。可見，這條水路常運輸瓷器，因此，海上絲綢之路又被稱為「海上陶瓷之路」。

漁民的保護神——媽祖

　　媽祖是中國東南沿海地區的海神，也被稱為天后。古時漁民出海捕魚時，便會祈求媽祖保佑平安。千百年來，媽祖信仰已經傳播到朝鮮、日本、東南亞等國家和地區。

媽祖

　　傳說，媽祖名叫林默，出生於湄洲島。媽祖生前常常救助海上遇險漁民和旅客，後人為了紀念她，修建了第一座媽祖廟。

媽祖祭典

　　每年媽祖生日時，媽祖廟都會舉行各種盛大的媽祖祭奠活動，前來朝拜的國內外信徒非常多。

尋茶之旅

　　中國是茶葉的故鄉，是最早栽培茶樹和開始飲茶的國家。茶葉歷史悠久，傳說神農嘗百草時期就有了茶。

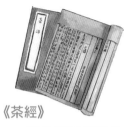

工夫茶

　　工夫茶很講究泡茶和品茶的過程。要喝工夫茶，必須要有一套玲瓏精緻的茶具。

鬥茶

　　鬥茶流行於宋代，是一種品茶比賽。鬥茶者通過看茶色、聞茶香，分出茶葉的品級高低。

《茶經》

　　唐代陸羽所著的《茶經》是世界上第一部關於茶的知識的著作。

茶葉的分類

　　根據茶葉的發酵程度，茶葉可以分成綠茶、白茶、黃茶、青茶、紅茶和黑茶。綠茶是不發酵的茶，白茶、黃茶、青茶是部分發酵茶，紅茶是全發酵茶，黑茶是後發酵茶。

茶葉

不發酵　　發酵

綠茶　白茶　黃茶　青茶　紅茶　黑茶

烏龍茶是怎麼製作出來的？

烏龍茶又叫作青茶，屬於半發酵茶，主要產於福建、廣東和台灣，一般經過曬青、搖青、炒青、揉捻、乾燥等工序製成。

1 曬青

將新鮮茶葉晾曬，蒸發部分水分。

2 搖青

曬青後的茶葉經過幾次搖青過程，使茶葉發酵。

3 炒青

控制氧化過程，防止葉子繼續變色。

4 揉捻

使茶葉變輕，捲成條，便於沖泡。

5 乾燥

去除多餘水分，消除茶葉的苦澀。

茶馬古道

茶馬古道是一條貫穿雲南、四川、西藏，並連接南亞、西亞的千年古道。人們通過古道將內地產的茶葉、布匹等運送到西北部，又將西北部產的馬匹輸送到內地。

東方之珠——香港

人口：約 751 萬
面積：約 1106 平方公里
回歸時間：1997 年 7 月 1 日

香港特別行政區，簡稱香港、港，位於珠江口東側，由香港島、九龍和新界組成。香港是世界著名的自由貿易港，也是國際金融和貿易中心之一。

天壇大佛位於香港的大嶼山島上，是世界上最高、最大的露天釋迦牟尼青銅像，吸引着許多中外遊客前來參觀。

香港世界地質公園

這裏擁有奇特的六角形火山岩柱，是十分罕見的地貌景觀。

香港濕地公園

香港濕地公園內有雀鳥、魚類、爬行類等動物，可以近距離欣賞各種野生候鳥。

尖沙咀鐘樓

尖沙咀鐘樓建於1915 年，原是廣九鐵路舊九龍車站的一部分。

香港賽馬

香港賽馬歷史悠久，是一項十分受歡迎的運動。跑馬地馬場是香港第一個馬場。

淺水灣

淺水灣呈新月形，是香港最具代表性的海灣之一。

廟街夜市

廟街夜市的攤販售賣各類商品和美食，在這裏可以體驗地道的香港生活文化。

地形地貌

多起伏山丘，平地狹小，島嶼眾多。

氣候

屬於亞熱帶氣候，溫暖濕潤。

自然資源

南臨南海，海洋資源豐富。

赤松黃仙祠

赤松黃仙祠為香港最著名的廟宇之一，有道、佛、儒三教，吸引了無數信徒前來膜拜求籤。

太平清醮

太平清醮又名包山節、打醮，節日期間會舉行各種祭神活動，其中「搶包山」比賽最受注目。

親愛的樂樂：

我來到香港啦！我最喜歡海洋公園，這裏的水族館可大了。對了，香港還是世界的美食之都，菠蘿包、雲吞麵、絲襪奶茶都很有名。要是你來玩，一定要嚐嚐！

小雅

青馬大橋

青馬大橋連接香港市區與香港國際機場之間的高速公路和鐵路，是當時世界上跨徑最大的行車和鐵路雙用吊橋。

太平山

太平山是香港最高的山峯，坐山頂纜車可以到達山頂，在這裏可以俯瞰香港島和維多利亞港的景色。

南丫島

南丫島呈「丫」字形，島上風景秀麗，還可以體驗傳統的漁民生活。

百年香江的故事

香港，又稱香江，香港獨特的歷史與建築深深融合在一起，幾乎每一座建築的背後都有傳奇故事。

《南京條約》的簽訂

香港自古以來就是中國的領土。1842 年 8 月，清政府被迫與英國簽訂了不平等的《南京條約》。根據條約的規定，香港島被割讓給英國。中國政府於 1997 年 7 月 1 日恢復對香港行使主權。

香港歷史博物館

創立於 1975 年，內容以香港自然歷史和人文歷史為主，館內藏品豐富，有考古、本地史、民俗等方面的藏品。

香港大學

香港大學為香港歷史最悠久的大學，以英語為主要教學語言，是一所世界級的綜合大學。

金紫荊廣場

位於香港會議展覽中心前的金紫荊廣場是為紀念 1997 年 7 月 1 日香港回歸祖國而設立的，廣場上矗立着金紫荊花雕塑，寓意香港永遠繁榮昌盛。在這裏能觀看莊嚴的升旗儀式。

香港會議展覽中心是世界最大的展覽館之一。

水上棚屋 —— 大澳

　　大澳是一個歷史悠久的漁村，這裏保留了香港早期的漁村風貌，被稱為「香港威尼斯」。

　　當地的漁民在縱橫交錯的水道上搭建了密密麻麻的高腳棚屋。

紅樹林

　　大澳的海岸濕地生長着茂盛的紅樹林。紅樹林是生長在熱帶海岸泥灘以紅樹型植物為主體的植物羣落，有防海浪、保護海岸和淨化污染的作用。

龍舟遊涌

　　每逢端午節，大澳都會舉行「龍舟遊涌」比賽，祈願風調雨順、健康平安。

繁華的國際大都會

　　香港是一座著名的國際化大都市，這裏有鱗次櫛比的世界級高樓、時尚快捷的生活氣息和四通八達的立體交通。

購物的天堂

　　香港商場林立，商品應有盡有，被稱作「購物天堂」。

國際金融中心

香港是世界第四大銀行中心，眾多銀行在此設立亞洲分部。香港國際金融中心擁有全玻璃外牆，是香港的標誌建築之一。

香港的公共交通

香港的公共交通網絡十分完善，地面公共交通、渡輪與四通八達的地鐵，組成了香港完整的立體化公共交通。

和手印拍拍手，看看你的手和誰的最像！

星光大道

香港被稱為「東方荷里活」。星光大道位於維多利亞海港旁，道路上有100多位香港電影名人的手印和簽名。

地鐵

香港地鐵四通八達，連接了香港大部分地區，是香港非常重要的交通工具。

機場

香港國際機場是填海造地建成的，是世界上最繁忙的機場之一。

雙層巴士

雙層有軌電車

香港稱雙層電車為「叮叮車」。「叮叮車」歷史悠久，是世界上最古老的有軌電車之一。

迷人的維多利亞港

維多利亞港位於香港島和九龍半島之間，是世界三大海港之一。這裏風光明媚，尤其是夜幕降臨時，繽紛的燈光、充滿節奏感的音樂，讓維多利亞港的夜景更加璀璨耀眼。

天星小輪

乘坐天星小輪，可以盡情欣賞維多利亞港兩岸的迷人夜景，還可以觀看大型燈光音樂表演《幻彩詠香江》。

海港城的觀景平台是欣賞維多利亞港的最佳位置之一。

　　每年農曆正月初二，維多利亞港會舉辦精彩的煙花匯演，非常絢麗。

海底隧道

　　維多利亞港上沒有橋樑，但是車輛可以通過海底隧道到達維多利亞港的另一側。

銅鑼灣避風塘

　　香港夏季常常遭受颱風侵襲，因此維多利亞港兩岸設有油麻地、銅鑼灣等避風塘，以供船舶進出和停泊。

25

世界的美食天堂和遊樂園

香港是著名的美食之都。在這裏,可以品嚐到世界各地的美食。香港飲食文化融合了東方文化及西方文化,發展出了糅合中餐和西餐的飲食習慣。

港式下午茶

受到西方飲食風俗的影響,香港居民有喝下午茶的習慣。香港有許多港式茶餐廳,餐廳裏既有西式糕點,也提供傳統的香港小吃。

絲襪奶茶

由於過濾奶茶的紗網被奶茶浸泡後顏色與形狀猶如絲襪,絲襪奶茶因此而得名。

菠蘿包

西多士

雲吞麵

楊枝甘露

腸粉

香港迪士尼樂園

香港迪士尼樂園是全球第五座迪士尼樂園，是一座融合了美國加州迪士尼樂園與其他迪士尼樂園特色於一體的主題公園。

香港太空館

香港太空館擁有一個外觀呈蛋形的建築，內有半球形的銀幕，是世界上設備最先進的太空科學館之一。

香港海洋公園

香港海洋公園是世界上最大的海洋公園之一，不僅有露天遊樂場和可愛的海豚，還有驚險刺激的機動遊戲等。2007 年香港回歸十週年時，中央政府贈送給香港的大熊貓盈盈和樂樂也生活在香港海洋公園內。

這裏有世界級的水族館，可以觀賞各種海洋動物。

海上花園——澳門

人口：約 67 萬
面積：約 33 平方公里
回歸時間：1999 年 12 月 20 日

　　澳門特別行政區，簡稱澳，位於珠江口西側，由澳門半島、氹仔島和路環島組成，是中西文化合璧的國際旅遊勝地。

澳門音樂噴泉
　　澳門音樂噴泉每 15 分鐘表演一場，高聳的水柱與動聽的音樂構成動感的表演。

澳門美食
　　澳門匯集了澳門菜、葡國菜及世界其他地方的美食。

水蟹粥

豬扒包

葡式蛋撻

澳門旅遊塔
　　澳門旅遊塔內有觀光層，可以鳥瞰澳門的景色，還能體驗「高飛跳」「百步登天」等冒險活動。

地形地貌
　　澳門半島大多由填海造成，半島及島嶼丘陵起伏。

氣候
　　屬於亞熱帶海洋性季風氣候，炎熱多雨。

自然資源
　　多花崗岩和火山岩，淡水資源貧乏。

美高梅水天幕廣場
　　該廣場位於美高梅酒店中央，仿照里斯本中央車站而建，內有圓柱形水族箱。

格蘭披治大賽車
　　該比賽是世界公認的最佳街道賽事，每年都會吸引世界各地的參賽者和遊客到場。

水舞間
　　水舞間是全球最大的水上匯演，糅合了舞蹈、雜技、武術等表演。

有趣的澳門路牌
　　澳門的路牌以藍色和白色為主色調，配以中文和葡萄牙文的街道名稱，很有特色。

官也街
　　官也街是澳門著名的美食街之一，匯集了各種中西特色美食。

愛的樂樂：
　　澳門是一個充滿異國情調的美城市。澳門雖然面積很小，卻有很多漂的教堂和有趣的博物館。這裏的生活節很慢，非常適合放鬆心情。

小雅

黑沙海灘
　　黑沙海灘是澳門最大的天然海灘，由於海沙黃黑相間而得名。

冼星海
　　冼星海是中國近代著名作曲家，出生於澳門，代表作有《黃河大合唱》等。

澳門有「東方拉斯維加斯」之稱。新葡京酒店因獨特的蓮花造型成為澳門的標誌性建築。

中西合璧之城

澳門既有傳統的文化色彩，又有濃郁的葡萄牙情調，獨特的歷史讓澳門成為一座既古典又現代的中西合璧之城。

威尼斯人度假村酒店

威尼斯人度假村酒店以意大利威尼斯水鄉為主題，內部的大運河可供貢多拉（意大利傳統划船）穿行，船夫會一邊划船一邊唱歌。

金蓮花廣場

金蓮花廣場是為慶祝 1999 年 12 月 20 日澳門回歸祖國而建立的。每年國慶日和澳門回歸紀念日，這裏都會舉行隆重的升旗儀式。

《七子之歌》

「你可知 Macau 不是我真姓，我離開你太久了，母親！但是他們掠去的是我的肉體，你依然保管我內心的靈魂……」著名詩人聞一多創作的《七子之歌·澳門》被譜成歌曲，唱出了澳門渴望回歸祖國的願望。

漁人碼頭

漁人碼頭是一個充滿歐美懷舊風情的購物中心，有仿照古羅馬鬥獸場而建的建築等，這裏是拍照和看海景的好去處。

巴黎人艾菲爾鐵塔

巴黎人艾菲爾鐵塔依照巴黎艾菲爾鐵塔二分之一的比例精心建造而成，遊客在澳門也能體驗巴黎的浪漫風情。

熱鬧的澳門春節

澳門既有春節、端午節等傳統節日，也有復活節、聖誕節等西方節日。春節期間，澳門會舉辦熱鬧的花車匯演。

歷史城區中的世界遺產

澳門歷史城區是一片包含22座歷史建築和8個廣場前地的歷史街區，2005年被列入《世界遺產名錄》。

玫瑰堂

玫瑰堂因供奉玫瑰聖母而得名。整座教堂建築富麗堂皇，祭壇為巴洛克建築風格，教堂旁的聖物寶庫收藏了300多件澳門天主教珍貴文物。

鄭家大屋

鄭家大屋為一座嶺南風格的院落式大宅，是中國近代著名思想家鄭觀應的故居。鄭家大屋在中式建築中搭配西式裝飾，體現了中西結合的特色。

媽祖閣

媽祖閣也被稱為媽祖廟，坐落在澳門半島的西南面，沿岸修建，背山面海，廟內供奉媽祖，是澳門著名的古跡之一，已有 500 多年的歷史。

大炮台

大炮台原名為聖保羅炮台，為不規則四邊形，是當時澳門防禦系統的核心，構成了覆蓋東西海岸的寬大的炮火防衛網。

市政署大樓

市政署大樓前身為市政廳，有明顯的南歐建築風格。二樓的圖書館以葡萄牙馬夫拉修道院的圖書館為藍本設計，有濃厚的古典氣息。

大三巴牌坊

大三巴牌坊是聖保羅教堂的前壁遺跡，由於外形酷似傳統牌坊而得名。牌坊上各種雕像栩栩如生，體現着中西文化結合的特色。

議事亭前地

「前地」在葡萄牙語中是廣場的意思。議事亭前地也叫作「噴水池」，是澳門的市中心。兩側建築建於 19 世紀末 20 世紀初。整個廣場由黑白兩色的碎石子鋪成波浪形圖案，有濃濃的南歐風情。

博物館之城

澳門雖然面積小，卻是一座名副其實的博物館之城，這裏擁有各式各樣的博物館，代表着澳門獨特的多元文化。

大賽車博物館

　　大賽車博物館是為慶祝澳門格蘭披治大賽 40 週年而興建的，館內收藏了著名車手和世界冠軍曾使用的賽車，在這裏可以了解格蘭披治大賽車活動的悠久歷史。

澳門藝術博物館

　　澳門藝術博物館是澳門唯一的一個以藝術和文物為主題的博物館，館內收藏了書畫、陶瓷、銅器、西洋繪畫及攝影作品等藝術品及文物。

澳門博物館

　　澳門博物館是展示澳門歷史和文化的博物館，館內的藏品和展覽展示了數百年來澳門的變遷和發展。

龍環葡韻住宅式博物館

　　龍環葡韻住宅式博物館由 5 棟綠色小別墅組成，分別為葡韻生活館、匯藝廊、創薈館、風貌館、迎賓館，充分體現了葡萄牙建築風格。

音響博物館

　　音響博物館收藏了很多古董老音響和古董電器，這裏可以欣賞到留聲機播放的美妙音樂，了解百年來音響和電器從手動到電動的發展歷程。

葡萄酒博物館

　　葡萄酒博物館是一座以葡萄酒為主題的博物館，在這裏可以品嚐葡萄酒，也可以了解釀造葡萄酒的悠久歷史。

海事博物館

　　海事博物館展示了澳門歷史與大海的密切聯繫。據說葡萄牙人當年在此處的碼頭上岸，打聽地名時，當地人誤以為問的是廟名，便說是媽閣，葡萄牙人便用葡萄牙語的諧音 Macau 稱呼澳門。博物館裏有很多精緻的輪船模型，可以了解中國和葡萄牙的航海歷史。

澳門科學館

　　澳門科學館包含展覽中心、天文館和會議中心三部分，由著名建築師貝聿銘設計，外形非常有科技感。

展覽中心有太空科學、兒童樂園、兒童科學等展廳，在這裏可以親自體驗探索科學的樂趣。

祖國的寶島——台灣

省會：台北　人口：約 2360 萬
面積：約 3.6 萬平方公里

　　台灣省，簡稱台，包括台灣島、澎湖列島和釣魚島等島嶼，自古以來就是中國領土的一部分。台灣島與福建省隔海相望，是中國面積最大的島嶼。

地形地貌
　　東部多山脈，中部多丘陵，西部多平原。

氣候
　　因橫跨北回歸線，北部為亞熱帶氣候，南部為熱帶氣候。

自然資源
　　森林資源豐富，盛產水稻、茶葉和各種熱帶水果。

台北 101 大樓
　　台北 101 大樓原名台北國際金融中心，地上有 101 層樓，地下有 5 層，是欣賞台北夜景的最佳地點之一。

樟腦
　　台灣的樟腦產量位居世界前列。

平溪放天燈
　　每年元宵節，數萬名遊客來到平溪，放飛孔明燈，祝願來年一切平安順利。

親愛的小魚：
　　我正在台北 101 大樓的頂樓，這裏真的好高啊！告訴你一個祕密，大樓裏有一個巨大的風阻尼器，當颱風來臨時，它能幫助大樓保持平衡，太了不起了！

小雅

誠品書店
　　誠品書店是台灣十分有名的書店，遍佈台灣各城市，尤以台北最多。

台灣溫泉
　　台灣多火山，地熱資源豐富，是名副其實的溫泉天堂。

龍山寺
　　台灣的寺廟非常多，龍山寺主要供奉觀世音菩薩，是典型的中國古典三進四合院建築。

台灣墾丁公園以植物繁茂而著稱，有山峯、草原、沙丘和熱帶森林等自然景觀。著名的鵝鑾鼻燈塔位於墾丁公園，白色的燈塔與藍天、海洋和綠樹組成了一幅美麗的畫。

清水斷崖
清水斷崖以幾乎 90 度角插入太平洋，十分險峻，號稱「世界第二大斷崖」。

海洋生物博物館
在這裏能看到各種五彩斑斕的海洋生物。

「水果之鄉」
台灣盛產香蕉、菠蘿、龍眼、木瓜等熱帶水果。

玉山
玉山為台灣最高的山峯，是台灣有較多冰蝕地形遺跡的地區之一。

九份
九份為台灣的特色老街，狹窄的街道、陡直的石階、鱗次櫛比的店舖、美味的小吃等都是這裏的特色。

環島旅行
在台灣騎單車或電單車，馳騁在一邊是海、一邊是山的公路上，是遊覽台灣的最佳方式之一。

寶島上的人文古跡

台灣文化與中華文化一脈相承，既有中華文化的影響，又有台灣獨特的風土人情。

台南孔廟

台南孔廟是台灣建成的第一座孔廟，有300多年的歷史。由於孔廟後來改建為台灣學府，因此又稱「全台首學」。

台北中山紀念館

台北中山紀念館是為紀念孫中山先生百年誕辰而興建的。紀念館為宮殿式建築，包含大會堂、演講廳、圖書館和展覽廳，館外有中山公園。

每年孔子誕辰紀念日時，台南孔廟會舉行隆重的祭典儀式。大典上的樂舞表演稱作佾舞。

安平古堡

安平古堡古稱「熱蘭遮城」，是荷蘭人入侵台灣時所建。每到黃昏，古堡景色優美，「安平夕照」也被譽為台灣八景之一。

台北故宮博物院

　　台北故宮博物院建於 1965 年，是中國著名的歷史與文化藝術史博物館。建築外觀吸收了傳統的宮殿建築形式，淡藍色的琉璃瓦屋頂覆蓋着米黃色牆壁，風格典雅。

　　館內藏品有 60 多萬件，主要為書畫、銅器、瓷器和玉器等，是中華文化的瑰寶。

肉形石

　　肉形石是一塊天然形成的瑪瑙石，外形酷似東坡肉。

毛公鼎

　　毛公鼎為西周晚期青銅器。鼎內鑄有銘文 499 字（亦有其他說法），是現存銘文最多的一件西周青銅器。

翠玉白菜

　　翠玉白菜由一塊半白半綠的翠玉雕琢而成。

北港朝天宮

　　北港朝天宮是以媽祖為主神的著名宮觀。朝天宮每年舉辦 3 次較大規模的傳統祭典。農曆三月的媽祖祭典活動場面非常盛大，十分熱鬧。

最美不過阿里山

阿里山位於玉山以西，以森林茂密、山勢雄偉著稱。阿里山四季的風景各不相同，是台灣著名的避暑勝地。

能歌善舞的高山族

台灣除了有漢族，還有阿美人、雅美人、布農人等，這些少數民族同胞合稱為高山族。高山族同胞能歌善舞，保留着原始而獨特的生活方式。

豐收節

豐收節又稱豐年祭，是台灣高山族的傳統節日。每年農作物收穫的時候，高山族同胞會舉辦盛大的豐年祭。

紅檜樹

紅檜樹高大挺拔，有很多樹齡都在千年以上，是台灣特有的樹種。

檳榔

八部合音

八部合音為古老的祭祀音樂，是世界上獨一無二的和聲方式。

阿里山鐵路

　　阿里山鐵路是台灣的高山鐵路系統。紅色的火車會穿過熱帶闊葉林、亞熱帶闊葉林、溫帶針葉林等不同的森林區。初春時乘客還可以觀賞阿里山的各種櫻花。

飛魚祭

　　居住在蘭嶼島上的雅美人以捕魚為生。飛魚祭是一種與捕飛魚相關的祭祀活動。

寶島風光美如畫

台灣島是美麗的寶島，島上風景秀麗、氣候宜人，地貌類型很多。

澎湖列島的「雙心石滬」是一種人工修建的古老的捕魚設施。

淡水漁人碼頭

淡水漁人碼頭位於淡水河出海口右岸，是一個休閒漁港。這裏是世界各地遊客來台灣的必遊景點之一。

澎湖列島

澎湖列島由澎湖島、漁翁島、白沙島等64個島嶼組成，中間水域為澎湖灣。

日月潭

日月潭是台灣最大的天然湖泊，湖中的光華島把湖水一分為二，北半邊像太陽，南半邊像彎月，所以得名日月潭。湖畔有文武廟、玄光寺、孔雀園等名勝古跡。

從碼頭出發，乘船環遊日月潭，可以從不同角度欣賞美麗景色。

最美的峽谷 —— 太魯閣

太魯閣峽谷是立霧溪中、下游峽谷地帶的總稱，以雄偉壯麗、幾近垂直的大理岩峽谷景觀聞名，為台灣八景之一。

硫黃噴氣口

要穿過太魯閣峽谷，就必須從九曲洞中穿山而過。

陽明山自然保護區

陽明山自然保護區位於台北盆地東北面的陽明山區，以七星山、紗帽山等 16 個火山圓錐地貌景觀為特色。山上有溫泉、瀑布等，風景十分秀麗。

野柳地質公園

野柳地質公園三面環海，由於海水侵蝕和風化等，形成了蕈狀岩、燭台石、蜂窩石等奇特地貌，被稱為台灣最美的公園之一。

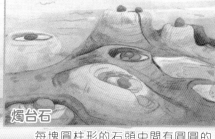

燭台石

每塊圓柱形的石頭中間有圓圓的「燭芯」及「燭體」，遠看像一個個燭台。

女王頭
一塊形似女王頭像的蕈狀岩。

熱鬧的台灣夜市

在台灣，從北部到南部，每個城市幾乎都有熱鬧的夜市。夜市是人們忙碌一天後休閒娛樂的地方，這裏有美味的特色小吃、各種珍奇商品、好玩的遊戲，非常受人們歡迎。

傳統的歌仔戲

歌仔戲是台灣的傳統戲曲，以閩南歌仔為基礎，吸收梨園戲、高甲戲、京劇等戲曲特色發展而成。

不可錯過的夜市美食

在台灣的夜市上，不僅有傳統的台灣小吃，還有來自世界各地的美食。

大腸包小腸

牛軋糖

擔仔麵

甜不辣

珍珠奶茶

「藍眼淚」是真的眼淚嗎

　　海壇島是福建省第一大島嶼，也是世界上出現「藍眼淚」最頻繁的地方之一。「藍眼淚」出現時海面被夢幻的熒光藍點覆蓋，讓人覺得彷彿置身於電影《阿凡達》裏的潘朵拉星球。

　　「藍眼淚」是一種海洋浮游生物，被稱為夜光藻，牠的身體細胞內有熒光素，受海浪拍打時就會發出淺藍色的光，就像是流出的眼淚一樣。

海壇島以花崗岩海蝕地貌著稱，「半洋石帆」海蝕柱是島上的標誌性景觀。

石頭房

　　由於島上的風很大，當地的漁民就地取材，利用島上的花崗岩修建了一座座造型奇特的石頭房屋。